Margaret Akeredolu

Efeitos dos amargos de ação na qualidade do esperma de ratos albinos

Margaret Akeredolu

Efeitos dos amargos de ação na qualidade do esperma de ratos albinos

ScienciaScripts

Imprint

Any brand names and product names mentioned in this book are subject to trademark, brand or patent protection and are trademarks or registered trademarks of their respective holders. The use of brand names, product names, common names, trade names, product descriptions etc. even without a particular marking in this work is in no way to be construed to mean that such names may be regarded as unrestricted in respect of trademark and brand protection legislation and could thus be used by anyone.

Cover image: www.ingimage.com

This book is a translation from the original published under ISBN 978-620-2-30439-9.

Publisher:
Sciencia Scripts
is a trademark of
Dodo Books Indian Ocean Ltd. and OmniScriptum S.R.L publishing group

120 High Road, East Finchley, London, N2 9ED, United Kingdom
Str. Armeneasca 28/1, office 1, Chisinau MD-2012, Republic of Moldova, Europe
Printed at: see last page
ISBN: 978-620-7-63042-4

Copyright © Margaret Akeredolu
Copyright © 2024 Dodo Books Indian Ocean Ltd. and OmniScriptum S.R.L publishing group

DEDICAÇÃO

Este trabalho de projeto é dedicado a Deus todo-poderoso.

AGRADECIMENTOS

Agradeço a Deus Todo-Poderoso pela sua orientação ao longo dos meus estudos e pelo êxito deste projeto.

Os meus sinceros agradecimentos ao meu competente orientador, Dr. K. L. Njoku, pelo seu apoio sempre disponível, pelas suas críticas valiosas e pelas sugestões úteis que contribuíram para o êxito deste trabalho de investigação. Agradeço-lhe muito, que Deus Todo-Poderoso o abençoe e à sua família (Amen).

Gostaria também de expressar o meu sincero agradecimento e gratidão aos meus queridos pais (Sr. e Sra. Akeredolu) pelo seu imenso amor, encorajamento, compreensão, perseverança e apoio (moral, financeiro e espiritual) para o meu sucesso na vida. Que Deus Todo-Poderoso vos conceda uma vida longa para desfrutarem dos frutos do vosso trabalho com boa saúde (Amen). Os meus agradecimentos especiais vão também para os meus irmãos, especialmente para o meu irmão mais velho, Precious Akeredolu, pelo seu apoio sempre disponível. Deus vos abençoe.

Os meus sinceros agradecimentos ao meu querido (Onajobi, Olusola) pelo seu amor e apoio total durante toda a minha estadia na escola. Deus te abençoe, minha querida. Estou também em dívida para com o Sr. Akpan e o Sr. Bello Bayo pelo seu apoio neste trabalho de projeto. Também aos meus amigos Adewole Hassanat, Akinlotan Damilola, Oguncoker Gbeminiyi e Anthony Ayodeji. Vocês são maravilhosos.

Obrigado a todos!

RESUMO

O objetivo deste estudo era determinar os efeitos dos amargos de ação na fertilidade masculina, avaliando os efeitos na qualidade do esperma (morfologia e contagem de espermatozóides). Para controlar o estado de saúde dos ratos utilizados, foram avaliados semanalmente os efeitos dos amargos de ação no seu peso corporal e na taxa de mortalidade. 30 ratos albinos machos foram divididos igualmente em seis grupos. A cada grupo de ratinhos foram administradas diferentes concentrações de amargos de ação (0-10%) durante 35 dias, em função do seu peso corporal. [th]No dia 36 ( ), os ratinhos foram sacrificados e os espermatozóides foram recolhidos do epidídimo. Verificou-se uma relação inversa entre o peso corporal e a concentração de bitters de ação. A taxa de mortalidade foi elevada no grupo de ratos tratados com 100% de Action Bitters. A contagem de espermatozóides diminuiu significativamente ($p < 0{,}05$) em comparação com o controlo. Foram observadas várias anomalias estruturais no estudo, incluindo: cabeça sem cauda, cauda sem cabeça, cabeça de alfinete, cabeça dupla, cauda dupla e esperma dobrado. Estes resultados mostram que os amargos de ação têm efeitos negativos na qualidade do esperma e podem, portanto, levar à infertilidade. Este estudo sugere, portanto, que o consumo de action bitters deve ser regulamentado, a fim de evitar os efeitos negativos associados ao consumo.

1.1 INTRODUÇÃO E REVISÃO DA LITERATURA

Tendências recentes mostram que a população dos países em desenvolvimento é forçada a recorrer a tratamentos médicos tradicionais devido à incapacidade de pagar os cuidados médicos modernos para o tratamento de várias doenças (Watcho *et al.*, 2005). Por exemplo, a Organização Mundial de Saúde (OMS) estima que cerca de oitenta por cento da população mundial depende principalmente da medicina tradicional (Agaie *et al.*, 2007). Na Nigéria, acredita-se tradicionalmente que várias plantas têm potencial medicinal para o tratamento de várias doenças em seres humanos e animais (Nwude e Ibrahim, 1980), embora a sua eficácia e segurança permaneçam duvidosas, uma vez que apenas algumas delas foram corretamente identificadas e documentadas.

É sabido que uma vida sexual saudável contribui significativamente para o bem-estar e a qualidade de vida (Mbaya *et al.*, 2007). Enquanto relatórios anteriores indicavam uma elevada incidência de problemas sexuais na população em geral, tanto em homens como em mulheres (Alain, 1999), registos mais recentes mostram que a impotência masculina é a condição mais comum que afecta a vida sexual de milhões de homens em todo o mundo (Montorsi *et al.*, 2004). Muitas abordagens terapêuticas ortodoxas têm sido utilizadas há muito tempo para alcançar a qualidade sexual (Segraves, 2003). No entanto, a sua eficácia é limitada, têm efeitos desagradáveis e são contraditórias em determinadas condições. Do mesmo modo, muitas plantas têm sido utilizadas como remédios para estas perturbações, enquanto outras têm sido utilizadas como afrodisíacos (Yakubu *et al.*, 2005). De facto, diz-se que vários extractos de plantas têm potencial afrodisíaco e são tradicionalmente utilizados para melhorar o desempenho sexual (Lue *et al.*, 2003). Noumin *et al.* (1998) enumeraram uma variedade de plantas utilizadas na medicina tradicional para regular a fertilidade. Várias outras plantas medicinais também são conhecidas pelo seu potencial contracetivo, suprimindo a espermatogénese ou tendo um efeito espermicida (Paul *et al.*, 2006).

Uma destas preparações à base de plantas com potencial afrodisíaco reconhecido é a "action bitters". Trata-se de uma bebida alcoólica constituída por *Symphonia globulifera* (madeira de javali), *Garcinia kola* (cola amarga), *Tetrapleura tetraptera* (planta aridana), *Lannea welwitschii* (Hiern), aroma de brandy, água deminada e etanol, corantes E122, E1501, E102.

1.2   TOXICOLOGIA

A toxicologia é o estudo da forma como as substâncias químicas interagem com os sistemas vivos e afectam os processos normais, e a utilização desta informação para prever níveis seguros de exposição. A investigação e os ensaios toxicológicos ajudam-nos a viver em segurança e a retirar benefícios das substâncias naturais e sintéticas, evitando os danos (Trush, 2008). Inclui a avaliação de produtos domésticos, produtos farmacêuticos e os efeitos da exposição acidental e profissional a substâncias naturais e manufacturadas (Charles, 2013). A toxicologia também nos ajuda a desenvolver os melhores métodos de tratamento em caso de sobre-exposição acidental (Klassen *et al.*, 2001).

Um princípio fundamental da ciência da toxicologia é o facto de todas as substâncias químicas poderem causar danos a um determinado nível de exposição, o que se resume na frase "a dose faz o veneno" (Klassen *et al.*, 2001). Isto significa que a exposição a um determinado nível baixo de uma substância pode não ter qualquer efeito detetável nos processos biológicos normais e é considerada segura. Algumas doses podem mesmo ter efeitos benéficos na utilização de produtos farmacêuticos. No entanto, o aumento da exposição à maioria das substâncias acabará por provocar efeitos adversos. As substâncias são consideradas tóxicas em doses elevadas (Ernest, 2004). *A Digitalis purpurea,* por exemplo, é uma planta que tem sido utilizada com grande benefício no tratamento de arritmias cardíacas, mas uma dose demasiado elevada pode levar à morte (Reddy, 2010). O oxigénio é outro exemplo de como o aumento da dose pode transformar um composto seguro num composto tóxico. O oxigénio é essencial para a vida e faz parte do ar que respiramos, mas em concentrações elevadas pode causar lesões pulmonares e oculares em bebés (Patel *et al.*, 2003). As bebidas alcoólicas, que consistem em ingredientes à base de plantas, são também utilizadas com grande benefício para curar várias doenças e também como afrodisíaco (Patel *et al.*, 2003). No entanto, uma dose demasiado elevada pode provocar vários efeitos nocivos no organismo.

1.1.2 Métodos para os ensaios toxicológicos

Os toxicologistas realizam investigação básica utilizando métodos in vitro e em animais inteiros para saber como diferentes substâncias químicas e doses interagem com os sistemas vivos. A investigação fundamental é necessária para compreender os mecanismos que mantêm os organismos vivos e para determinar as linhas de base dos processos fisiológicos (Patel *et al.*, 2003). Para muitos produtos químicos que melhoram a nossa qualidade de vida, o mecanismo que produz o efeito benéfico é o mesmo mecanismo que torna o produto químico tóxico (Trush, 2008).

Os testes toxicológicos ajudam a determinar a relação entre a dose benéfica e a dose tóxica de um medicamento, uma vez que uma dose demasiado elevada pode provocar vários efeitos nocivos no organismo. Neste contexto, foram desenvolvidos métodos adequados, sensíveis e práticos para detetar e avaliar os efeitos destas substâncias. Estes incluem o teste de morfologia do esperma, o teste cromossómico da medula óssea, o teste do micronúcleo e muitos outros (Reddy, 2010).

1.3   TESTE DE MORFOLOGIA DOS ESPERMATOZÓIDES

A morfologia do esperma avaliada de acordo com critérios rigorosos é um excelente biomarcador para a disfunção do esperma, que ajuda a determinar a causa da infertilidade masculina e a prever o resultado das tecnologias de reprodução assistida (Nikolettos *et al.*, 1999). A morfologia do esperma gravemente comprometida está fortemente correlacionada com a falha da fertilização *in vitro* (Kruger e Coetzee, 1999). Os testes de morfologia dos espermatozóides baseiam-se no pressuposto de que as substâncias tóxicas podem interferir com a espermiogénese normal, resultando numa forma anormal da cabeça, motilidade e viabilidade dos espermatozóides tratados ou expostos. O ensaio de morfologia da cabeça do espermatozoide é um dos ensaios desenvolvidos para avaliar a capacidade de uma substância química de ensaio induzir uma morfologia anormal do espermatozoide em comparação com os controlos (Zahalsky *et al.*, 2003). Foram efectuadas experiências com este teste para investigar o efeito de diferentes substâncias, que conduziram a diferentes conclusões. Num estudo mais recente de Taiwo *et al* (2015), foi demonstrado que *a Momordica charantia* (melão amargo), uma planta herbácea, reduz

a produção de esperma e altera a morfologia do esperma. Pesticidas e drogas também

demonstraram ter efeitos tóxicos sobre as células espermáticas dos organismos. Foi

demonstrado que exposições de curto prazo ao acetamipride, propineb e suas misturas

induzem antagonisticamente anormalidades de esperma em ratos (Rasgele, 2014), e altas

doses de aspirina, paracetamol e analgésicos contendo cafeína também demonstraram

causar anormalidades na cabeça do esperma em ratos (Ekaluo *et al.*, 2008). O organismo

é sacrificado por deslocamento cervical e as suspensões de esperma são obtidas picando

o epidídimo com uma tesoura fina em alíquotas de 1 mg em solução salina fisiológica.

As suspensões de esperma são então misturadas com uma solução de eosina a 1% (10:1)

durante 30 minutos e são preparados esfregaços secos ao ar em lâminas de vidro para

testar anomalias na cabeça do esperma (Wryrobeck e Bruce, 1983).

1.3.1 Morfologia do esperma (forma e aspeto)

A forma normal de um espermatozoide humano inclui uma cabeça oval, uma secção

central intacta e uma cauda única e não enrolada (Roelof, 2010).

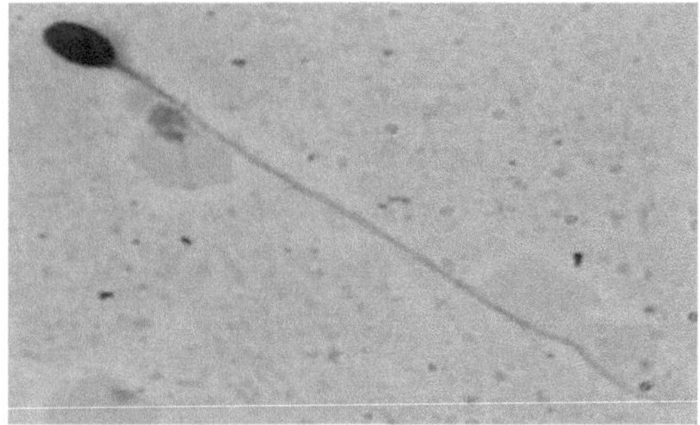

Figura 1: Morfologia normal do esperma no homem

Os defeitos morfológicos dos espermatozóides em humanos incluem Defeitos na cabeça (cabeça grande, cabeça de alfinete, cabeça dupla, cabeça alongada, cabeça vacuolada, cabeça irregular, cabeça amorfa, acrossoma pequeno, sem acrossoma), defeitos no pescoço (curvo, fino, grosso, irregular, defeitos citoplasmáticos) e defeitos na cauda

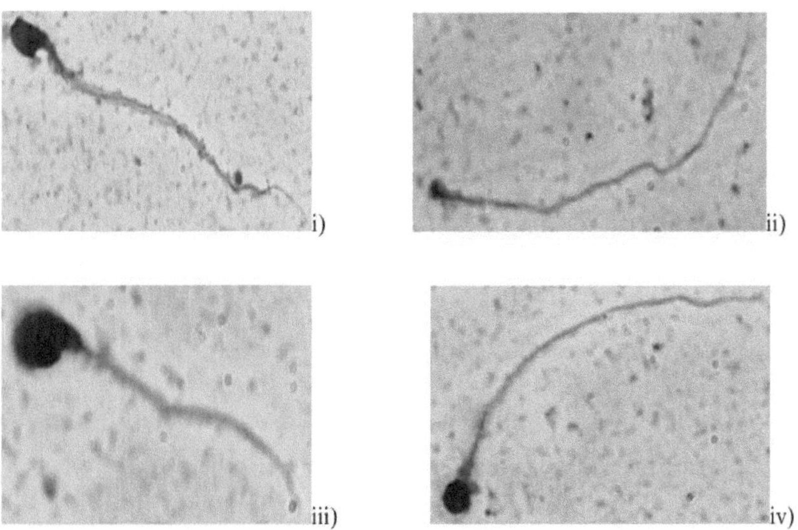

(enrolada, curta, em forma de grampo, quebrada, duplicada, gota terminal) (Roelof,

2010).

Figura 2i-iv: Alguns defeitos morfológicos dos espermatozóides: i) cabeça amorfa, ii) cabeça de alfinete, iii) cauda curta, iv) cabeça redonda pequena

1.3.2   Morfologia dos espermatozóides em ratos

A forma normal de um espermatozoide de rato consiste numa cabeça em gancho, uma peça central e uma cauda única e não enrolada (Wryobek e Bruce, 1983). No entanto, estudos mostraram algumas anormalidades em sua morfologia, incluindo: cabeça sem gancho, cauda sem cabeça, cabeça sem cauda, cabeça de alfinete, cabeça dupla, caudas duplas, cauda enrolada, esperma dobrado e assim por diante (Wryobek *et al.*, 1983). Espermatozóides com tais anormalidades levam a problemas de fertilidade. A Figura 3 mostra algumas anormalidades na forma do esperma de ratos

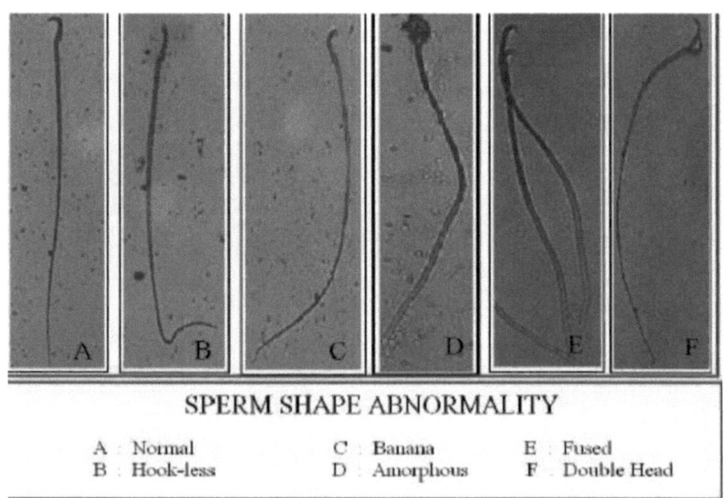

Figura 3: Morfologia normal e anormal dos espermatozóides em ratinhos

1.4   ANÁLISE DO ESPERMIOGRAMA

O teste do espermiograma é um dos testes mais importantes para a fertilidade masculina e é geralmente efectuado em casos de problemas de infertilidade. É realizado com um hemocitómetro de câmara Neaubar e a contagem/concentração de espermatozóides é calculada através da seguinte fórmula:

Número total de espermatozóides/ml = fator de diluição x número em 5 quadrados x 0,05x10^6

Em que o fator de diluição = diluição da amostra: coloração utilizada, contagem em 5 quadrados = contagem de quadrados no hemocitómetro, 0,05 = área dos 5 quadrados no hemocitómetro. (Cooper *et al.*, 2010).

Os resultados da análise da contagem de espermatozóides mostram se um homem é infértil ou fértil. Uma contagem geral de espermatozóides nos homens deve ter uma densidade total de 15 milhões por ml ou mais e uma densidade móvel de 8 milhões por ml ou mais (Cooper *et al.*, 2010). As contagens anormais de espermatozóides incluem: Polizoospermia (contagem de espermatozoides excessivamente elevada), oligozoospermia (contagem de espermatozoides inferior a 10 milhões/ml), hipospermia (volume de espermatozoides < 1,5 ml), hiperespermia (volume de espermatozoides > 5,5 ml), aspermia (ausência de volume de espermatozoides), piospermia (leucócitos (células germinativas) no espermatozoide), hematospermia (glóbulos vermelhos no espermatozoide) (Cooper *et al.*, 2010). A ocorrência de contagens anormais de espermatozóides pode, portanto, levar à infertilidade.

1.5 ANIMAIS DE LABORATÓRIO UTILIZADOS EM ENSAIOS TOXICOLÓGICOS

Os ratinhos e ratos são animais de laboratório comummente utilizados na investigação biológica, principalmente porque são mamíferos e também porque partilham um elevado grau de homologia com os seres humanos (Parasuraman, 2011). São os organismos-modelo de mamíferos mais utilizados, escolhidos porque são pequenos e baratos, proporcionam uma dieta variada, são fáceis de manter e podem reproduzir-se rapidamente. Além disso, o seu genoma foi sequenciado e praticamente todos os seus genes são homólogos aos dos seres humanos (Charles, 2013).

1.6 ANIMAL DE TESTE UTILIZADO PARA ESTE ESTUDO

O ratinho foi utilizado para este estudo porque é uma das espécies mais úteis para os ensaios de toxicidade e tem sido utilizado na investigação biomédica há centenas de anos (Vandenbergh, 2000). Como resultado desta utilização de longa data, foram desenvolvidas muitas técnicas de dosagem e avaliação de ratinhos e foi acumulada uma grande quantidade de dados históricos. Foi desenvolvida uma variedade de estirpes genéticas para fins específicos. O tamanho reduzido do ratinho torna a aquisição, manutenção, manuseamento e consumo de produtos de ensaio pouco dispendiosos. O período de gestação e o tempo de vida relativamente curtos do rato são úteis para estudos reprodutivos ou estudos em que o objeto de ensaio é administrado durante uma percentagem elevada do tempo de vida do animal (Parasurama, 2011). A espécie é relativamente sensível ao stress ambiental.

1.6.1 Classificação dos ratos

Reino: Vida selvagem

Estirpe: Chordata

Classe: Mamíferos

Ordem: Roedores

Superfamília: Muroidea

Família: Muridae

Subfamília: Murinae

Género: *Mus*

Espécie: *musculus*   (Linnaeus, 1758)

1.7   DISFUNÇÃO SEXUAL

A disfunção sexual é a incapacidade repetida de ter relações sexuais normais, tanto em homens como em mulheres. Não se limita à disfunção erétil ou à falta de interesse pelo sexo, muitas vezes referida como baixa libido, mas também pode incluir dor durante a relação sexual, incapacidade de manter uma ereção ou dificuldade em atingir o orgasmo (Rodriguez, 2015). Nas mulheres, as disfunções sexuais são classificadas em vários distúrbios, como dor sexual, problemas de desejo, problemas de excitação e dificuldades de orgasmo, enquanto nos homens incluem disfunção erétil, problemas de ejaculação (ejaculação prematura, retrógrada, retardada ou inibida) e baixa libido e estão a aumentar em todo o mundo devido ao envelhecimento da população e a outros factores etiológicos crescentes (Yakubu *et al.*, 2005).

A disfunção sexual é causada por uma série de factores, quer emocionais quer físicos. Os factores emocionais incluem problemas interpessoais ou psicológicos que podem ser devidos a depressão, ansiedade ou culpa sexual e traumas sexuais anteriores, enquanto os factores físicos incluem o uso de drogas como o álcool, a nicotina, os narcóticos, os estimulantes, os anti-hipertensivos e alguns psicotrópicos (Michetti *et al.*, 2005).

1.7.1 Esforços para resolver problemas sexuais

Homens e mulheres preocupam-se muito com o seu desejo sexual. Na procura de um melhor desempenho na cama, existem abordagens modernas e tradicionais para resolver vários problemas sexuais. As abordagens modernas incluem frequentar sessões de terapia, consultar médicos e tomar os medicamentos recomendados. Para os problemas psicológicos, os doentes procuram a ajuda de psicólogos e psiquiatras. No entanto, verificou-se que a maioria das pessoas com problemas sexuais procura ajuda de forma tradicional, ou seja, através da utilização de afrodisíacos (bebidas à base de ervas) e outras substâncias relacionadas, porque são credíveis ou pouco dispendiosas (Jarrow *et al.*, 2002). Estas substâncias, que estimulam o desejo sexual ou a resistência, existem há muito tempo e têm sido transmitidas de geração em geração.

Há uma série de afrodisíacos locais, alguns dos quais são muito populares na Nigéria: Ale, Afato, Paraga, Opa-ehin, Ogbolo, Tanko-tanko, Gboin-gboin, Jedi-jedi, Alomo bitters, Action bitters, Osomo bitters e Origin bitters. Alguns acreditam que estes afrodisíacos podem funcionar para pessoas com perturbações sexuais psicológicas, mas não se estas não forem psicológicas. No entanto, têm sido feitos avisos contra o uso indiscriminado de afrodisíacos, uma vez que é difícil dizer qual é o afrodisíaco seguro até ser analisado. Além disso, os praticantes de medicina alternativa estão a competir com os médicos convencionais por pacientes que necessitam de tratamento para distúrbios sexuais, tais como baixa contagem de espermatozóides, sémen aguado, baixa libido, ereção fraca, ejaculação precoce e impotência (Adeoye, 2013).

1.8   APHRODISIACS

Os estimulantes sexuais parecem estar a ganhar uma popularidade sem precedentes nos últimos tempos, especialmente entre os jovens que utilizam afrodisíacos para obter prazer sexual. Este facto contradiz a crença popular de que a diminuição do desejo sexual ocorre principalmente em indivíduos com níveis relativamente baixos de testosterona, ou seja, mulheres pós-menopáusicas ou homens com mais de 60 anos de idade, levando à infertilidade (Yakubu *et al.*, 2007).

Os afrodisíacos, derivados da deusa grega "Afrodite", a deusa do amor e do desejo sexual, são substâncias que aumentam o desejo sexual ou a libido (Singh *et al.*, 2012). De acordo com os investigadores, os afrodisíacos são compostos por ervas e outras substâncias presentes em alimentos, bebidas e medicamentos químicos e são utilizados para aumentar a excitação, tratar disfunções sexuais e tornar as relações sexuais mais agradáveis para os homens (e também para as mulheres) (Falobi, 2013). No entanto, de uma perspetiva histórica e científica, os supostos resultados podem dever-se mais à crença dos utilizadores na sua eficácia, também conhecida como efeito placebo (Baljinder *et al.*, 2010)

De acordo com Salisu *et al* (2012), vários adolescentes recorreram a estimulantes ou bebidas em busca de mais resistência e de uma libido melhorada, que se diz ser uma via para o prazer sexual. Exemplos de estimulantes sexuais utilizados por homens e mulheres em todo o mundo incluem amargos de ervas, pastilhas elásticas sexuais, chá do amor, cápsulas de Viagra, açúcar sexual, tónico sexual, sabonete sexual e muitos outros (Frani, 2007).

1.8.1 Limites e efeitos toxicológicos dos afrodisíacos

Sabe-se que muitos afrodisíacos contêm ingredientes comprovados, como a testosterona e a dopamina, que podem aumentar a tensão arterial se forem tomados em doses inadequadas (Adeoye, 2013). Sabe-se que aumentar os níveis de testosterona no corpo com afrodisíacos para aumentar o desejo sexual pode prejudicar a fertilidade ou mesmo causar impotência a longo prazo (Kevin, 2015). Ao contrário das drogas e medicamentos ortodoxos, que são testados durante muitos anos em pessoas de diferentes faixas etárias antes de serem aprovados para uso geral, as ervas tradicionais não são submetidas a tais testes. Além disso, a composição exacta das ervas não é conhecida. Contêm tantos produtos químicos e substâncias que alguns órgãos ficam sobrecarregados quando tentam decompô-las, levando à falência dos órgãos (Kevin, 2015).

No entanto, alguns estudos mostraram que a maioria dos afrodisíacos à base de plantas ajuda a resolver problemas sexuais, e alguns também mostraram que têm efeitos negativos nos órgãos reprodutores. O estudo recente de Parhizkark *et al* (2013) demonstrou que *a Phaleria macrocarpa* (coroa de Deus), uma planta herbácea, aumenta a viabilidade dos espermatozóides sem alterar a motilidade e a morfologia dos espermatozóides, pelo que foi citada como uma forma alternativa de melhorar a infertilidade masculina. O uso a longo prazo de *Garcinia kola* (um componente importante da medicina tradicional à base de plantas) também leva a uma redução significativa na contagem de espermatozóides e na motilidade dos espermatozóides (Jegede *et al.*, 2013).

1.8.2 Amargos de ervas

Os amargos de ervas sempre existiram, mas tornaram-se extremamente populares em todo o mundo no início da década de 2000 com o aparecimento da famosa bebida medicinal do Gana chamada "Alomo bitters", que é considerada uma bebida saudável com propriedades curativas especialmente para os homens, mas que provou ser um dos estimulantes sexuais mais desejáveis para a maioria dos jovens que tomam a bebida com sensatez (Salisu *et al.*, 2012). Os amargos de ervas são vendidos em muitas cidades com o nome popular de "paraga".

A "Paraga" é uma mistura de álcool não refinado ou ligeiramente refinado e ervas que é tomada a intervalos regulares para automedicação contra certas doenças. É uma das formas mais populares de distribuição de medicamentos à base de plantas à população. Um estudo realizado por Oluwadiya e Fatoye (2012) sobre a frequência e o padrão de utilização da "paraga" entre os condutores profissionais que trabalham em depósitos de automóveis em Osogbo, no sudoeste da Nigéria, revelou que cerca de 25% acreditam que tem efeitos terapêuticos que incluem o tratamento de dores nas costas, hemorróidas, aumento da libido e do apetite, garantia de alerta, energia e prevenção de constipações.

Tomam-nos durante o tempo em que sentem que ainda têm a doença para a qual a "paraga" foi utilizada. É compreensível que seja muito difícil lidar com doenças crónicas como as dores de costas ou lidar com situações de stress. Por exemplo, a dor crónica nas costas, que é uma doença profissional dos condutores, é muito difícil de tratar de forma satisfatória, razão pela qual muitos recorrem a vários métodos de tratamento, incluindo a utilização de "paraga" (Oluwadiya e Fatoye, 2012).

Os amargos de ervas também são utilizados para vários fins, como o alívio da obstipação e a regulação dos movimentos intestinais, o alívio da azia ocasional, a manutenção de níveis saudáveis de açúcar no sangue, o apoio à função hepática e à saúde da pele e, mais importante ainda, como estimulantes sexuais (Singh *et al.*, 2012). Exemplos de tais amargos de ervas são: Ogidiga, Orimula, Webo, Osomo, Yoyo Bitters, Origin Bitters, Alomo Bitters, Action Bitters e muitos mais.

Um estudo recente de Jimmy e Udofia (2014) encontrou um elevado potencial antidiabético dos amargos de Yoyo em comparação com a Gilbenclamida, um medicamento ortodoxo amplamente utilizado para o tratamento da diabetes. Num estudo realizado por Salisu *et al.* (2012) com ratos machos adultos, foi também demonstrado que o alomo-bitter causa danos nos testículos e, por conseguinte, infertilidade nos machos.

1.8.2.1 Ação Amargo

Action Bitters é uma bebida à base de plantas, com um álcool cor de vinho, encorpado, com um aroma ligeiramente agridoce e apetitoso. O seu nome deriva dos bitters suecos, um remédio antigo comercializado como digestivo e, por vezes, como desintoxicante. É proposto em embalagens de 5 unidades para as classes de consumidores que o apreciam pelas suas propriedades relaxantes e afrodisíacas. A marca dirige-se principalmente a homens e mulheres jovens, modernos e inspiradores que querem estar no topo do seu jogo em termos de bem-estar e vitalidade. Os 5 tamanhos de embalagens disponíveis são: 12x75cl (garrafas de vidro), 12x35cl (em garrafas de vidro), 30x18cl (em garrafas PET), 50x10cl (em garrafas PET) e 120x5cl (em saquetas).

Action Bitters é uma mistura de álcool refinado e ervas naturais com propriedades medicinais comprovadas para aliviar dores nas costas, hemorróidas, perturbações gástricas, etc. É diferente dos outros bitters existentes no mercado e foi criado para satisfazer a procura dos clientes de uma alternativa aos bitters existentes no mercado que contêm álcool, mas que são medicinais, tónicos e revigorantes. Os ingredientes botânicos de Action Bitters incluem extractos de *Garcinia kola* (cola amarga), *Tetrapleura tetraptera* (planta aridan), *Symphonia globulifera* (madeira de javali) e *Lannae welwitschi* (Heirn).

A cola amarga é consumida para vários fins. Não só é uma fonte rica em cafeína e treobromina, como também pode aumentar a libido devido às suas propriedades afrodisíacas (Ralebona *et al.*, 2012). A cola amarga é uma noz maravilhosa em termos dos seus efeitos antibióticos. Quando consumida ou administrada corretamente, cura os efeitos da maioria dos ataques bacterianos. Os extractos de noz de cola têm uma atividade antibacteriana contra a *Escherichia coli* (Indabawa e Arzai, 2011).

Figura 4- *Garcinia kola* (kola amarga) (fonte: www.charandiglobal.com)
A Tetrapleura tetraptera (planta de Aridan) é conhecida como uma especiaria popular no sul e no leste da Nigéria e tem sido utilizada no tratamento de cãibras, lepra, inflamação, reumatismo, flatulência, iterícia e febre (Odesanmi *et al.,* 2009). O efeito antiespasmódico do óleo essencial dos frutos frescos de *Tetrapleura tetraptera* foi relatado em ratos (Nwawu e Akali, 1986). Além disso, foi relatado que os extractos causam alguns efeitos tóxicos e lesões patológicas em alguns órgãos em coelhos (Odesanmi *et al.*, 2009).

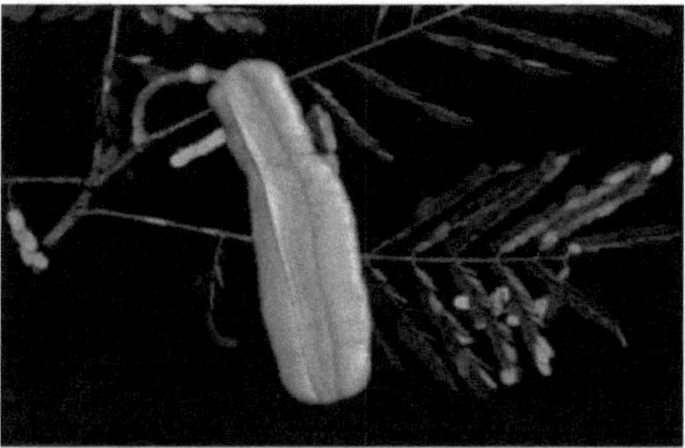

Figura 5- *Tetrapleura teraptera* (planta de Aridan)

(Fonte: congotrees.rbge.org.uk)

A Symphonia globulifera (madeira de javali) tem sido utilizada para vários fins. A casca é tomada como estimulante do apetite, laxante suave, estomacal e tónico (Fromentin *et al.*, 2015). Um extrato da casca é utilizado para tratar a cegueira dos rios, a tosse nas crianças e como emético para tratar o desconforto no peito. No entanto, verificou-se que a principal razão para tomar amargos, especialmente nos homens, é aumentar o seu desejo sexual.

Figura 6 - *Symphonia globulifera* (madeira de javali) (fonte:

https://www.msu.edu/user/urquhart/rainforest/content/deforestation.html)

Lannae welwitschii (Heirn) é uma planta herbácea que tem muitas utilizações. A decocção das folhas é usada para tratar diarreia, disenteria, inchaços, gota, gengivite, infecções tropicais e feridas (Agyare *et al.*, 2009). As raízes são utilizadas para intoxicação alimentar, infecções nasofaríngeas e como emético (Boamab *et al.*, 2013). Descobriu-se que a casca do caule contém glicosídeos, taninos e saponinas e também tem propriedades antidiarreicas (Olatokunbo *et al.*, 2010).

Figura 7 - *Lannae welwitschii* (Heirn)

(Fonte: home.scarlet.be/tsh77586/CATALKIN.htm)

1.9   DEFINIÇÃO DO PROBLEMA

A infertilidade masculina, ou seja, a incapacidade de conceber, é causada por problemas normalmente relacionados com a contagem e a qualidade do esperma. A contagem e a qualidade do esperma podem ser afectadas por vários factores, incluindo toxinas ambientais, como metais pesados e pesticidas, consumo excessivo de drogas ou álcool, consumo de cigarros, etc. (Jurewicz et al. (Jurewicz et *al.*, 2009). Algumas pessoas tendem a achar alguns destes factores, como o álcool, agradáveis sem considerar os efeitos negativos que estas substâncias podem ter nos seus sistemas corporais.

Além disso, observou-se que as pessoas que não podem pagar os cuidados médicos modernos para resolver vários problemas de saúde tendem a procurar tratamentos médicos tradicionais que envolvem a utilização de medicamentos à base de plantas (Watcho *et al.*, 2005). Algumas destas plantas medicinais

Os fármacos cumprem plenamente o seu objetivo, mas conduzem geralmente a vários efeitos nocivos nos sistemas do organismo. Um estudo realizado por Etta *et al* (2012) demonstrou que o extrato etanólico de uma planta herbácea, *Phyllantus amarus* (semente de caranguejo), que se afirma ter propriedades afrodisíacas, prejudicou a qualidade do esperma em ratos. Alguns destes problemas devem-se a uma dosagem inadequada, uma vez que a maioria destes medicamentos à base de plantas não são sujeitos a receita médica. Por conseguinte, é necessário compreender os efeitos adversos de algumas destas substâncias nos sistemas do nosso organismo.

Além disso, o Action Bitters é um dos amargos de ervas produzidos mais recentemente, pelo que existe pouca ou nenhuma informação disponível para a população em geral sobre os seus efeitos adversos, ao contrário do Alomo, do Yoyo Bitters e de alguns outros, sobre os quais existe alguma informação sobre os efeitos adversos.

1.9.1 Importância do estudo

Este efeito das substâncias amargas no esperma dos ratos é um teste utilizado na despistagem da toxicidade reprodutiva das substâncias. O resultado deste estudo ajudará a aumentar a consciencialização e a preocupação quanto ao potencial tóxico dos amargos de ervas utilizados como afrodisíacos e quanto ao facto de os afrodisíacos (amargos de ervas) poderem causar anomalias no esperma de ratinhos albinos.

1.10 OBJECTIVO E FINALIDADE DO ESTUDO

O objetivo deste estudo foi determinar os efeitos da bebida à base de plantas "Action Bitters", recentemente produzida e comummente consumida, na fertilidade masculina. Os objectivos específicos incluem

i) Investigação da contagem de espermatozóides como caraterística da fertilidade masculina em ratos que receberam bitters de ação.

ii) Investigação de várias anomalias do esperma em ratos que receberam bitters de ação.

2.1 MATERIAIS E METODOLOGIA

2.1 CRIAÇÃO DE ANIMAIS

Para este estudo, trinta (30) ratos albinos machos (*Mus musculus) com* cerca de oito a dez semanas de idade foram adquiridos de um stock no Laboratório Zoológico da Universidade de Lagos. Os ratos foram alojados em gaiolas de plástico convencionais no biotério do Departamento de Biologia Celular e Genética da Universidade de Lagos. Foram aclimatados às suas novas gaiolas durante uma semana, durante a qual foram alimentados com comida granulada de uma fonte respeitável e receberam água ad libitum.

2.2 SUBSTÂNCIA DE ENSAIO

Foram adquiridas garrafas de 100 ml de "Action Bitters" no mercado principal de Mushin, Estado de Lagos, Nigéria, com o número de registo (NAFDAC) B1-2415, data de fabrico 15/01/15 e número de lote L12515. Não foi indicado qualquer prazo de validade nos frascos. Esta informação foi verificada para garantir a autenticidade dos produtos adquiridos. Os ingredientes indicados no rótulo eram extractos de ervas de *Symphonia globulifera* (madeira de sorveira), *Tetrapleura tetraptera* (planta de aridan), *Garcina kola* (kola amarga) e *Lannea welwitschi* (heirn), aroma de brandy, água de ganga, etanol e os corantes E122, E150 e E102. Cada 100 ml contém 42 % vol. de álcool. O quadro 1 apresenta a substância de ensaio utilizada neste estudo.

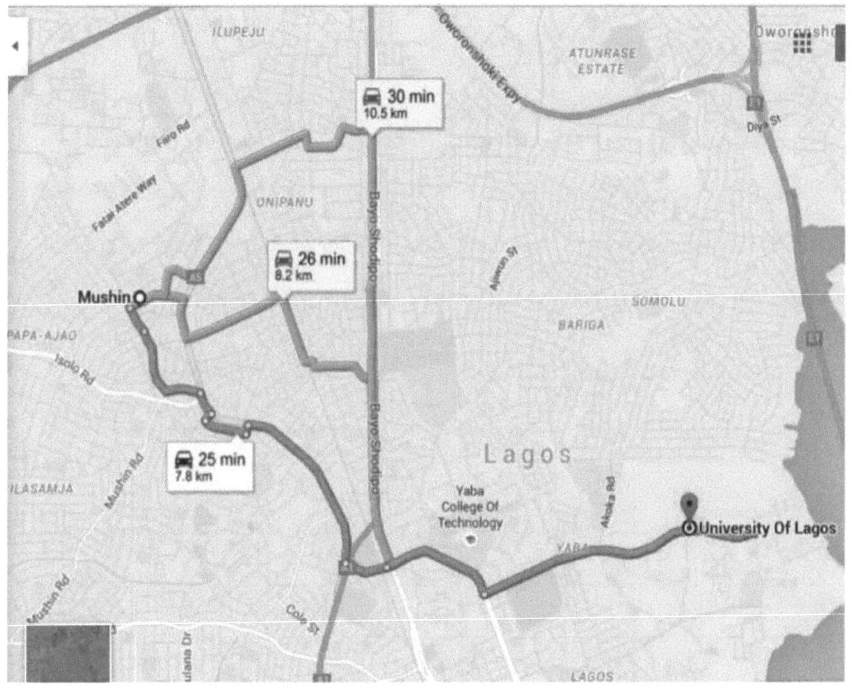

Figura 8: Mapa de Lagos com Mushin e a Universidade de Lagos com direção destacada na cor azul. (Fonte: www.scribblemaps.com)

Quadro 1: Substância de ensaio "Action

2.3 REGIME DE TRATAMENTO

Os 30 ratos adultos machos foram pesados e divididos em seis grupos de cinco ratos cada, de acordo com o seu peso (Wryobek *et al.*, 1983). Os ratos foram alimentados *ad libitum* com comida granulada e receberam bitters de ação misturados com água em várias concentrações, de acordo com o peso corporal, como indicado no Quadro 1.

Tabela 1: Disposição do tratamento dos amargos de ação em diferentes concentrações.

Treatment/Mean of mice body weight)	% Action bitters (A.B)	% water	A.B: Water ratio
Control (24.60g)	0	100	0.00:1.00
Group 1(23.44g)	12.5	87.5	0.12: 0.87
Group 2(25.20g)	25	75	0.25: 0.75
Group 3(25.84g)	50	50	0.50: 0.50
Group 4(27.12g)	75	25	0.75: 0.25
Group 5(30.48g)	100	0	1.00:0.00

A mistura de água amarga foi administrada diariamente à noite, entre as 17 e as 19 horas, através de uma cânula com gavagem. O tratamento durou 35 dias e, no 36.º dia, os ratinhos foram mortos por deslocação do pescoço após anestesia com éter dietílico (Taiwo *et al.*, 2015).

Placa 2: Disposição dos ratos em gaiolas de plástico

2.4 MEDIÇÃO DO PESO CORPORAL

O peso corporal dos ratos foi medido semanalmente durante todo o período de tratamento de 35 dias (semanas 1 a 5) utilizando uma balança eletrónica da Mettler Toledo. Os ratos pesavam entre 22 e 31 gramas (Wryobek *et al.*, 1983).

2.5 AVALIAÇÃO DA TAXA DE MORTALIDADE

A morte dos ratos foi registada após a administração de diferentes concentrações da substância em estudo durante todo o período de tratamento de 35 dias. A taxa de mortalidade foi calculada utilizando a fórmula de Abott: **Ca-Ta/Ca**, em que C_a = número de organismos vivos no controlo após o tratamento e T_a = número de organismos vivos após o tratamento (Hayes e Claire, 2014).

2.6 TESTE DE MORFOLOGIA DOS ESPERMATOZÓIDES

Em cada ratinho, foi utilizado um epidídimo para o teste morfológico, numa modificação do procedimento padrão de Wryobek e Bruce (1983). Os ratos albinos machos foram mortos por deslocamento cervical após anestesia. Os epidídimos foram então cortados e picados com uma tesoura fina numa solução salina fisiológica numa placa de Petri. Uma porção da suspensão de esperma foi misturada com solução de eosina Y a 1% (10:1) durante 30 minutos, e foram preparados esfregaços secos ao ar em lâminas para cada amostra. Foram analisadas 250 células por rato para detetar anomalias, utilizando um microscópio de luz com uma ampliação de 400x (Taiwo *et al.*, 2015).

2.7   ANÁLISE DO ESPERMIOGRAMA

Os ratos foram sacrificados e os outros epidídimos foram cuidadosamente removidos seguindo o protocolo de (Oyedeji *et al.*, 2013). O conteúdo do epidídimo de cada rato foi cuidadosamente esvaziado para um tubo de amostra estéril contendo solução salina formal numa diluição de 1:10. Os espermatozóides foram contados utilizando um hemocitómetro com uma ampliação de 40x sob um microscópio de luz. A contagem de espermatozóides de cada rato foi então avaliada de acordo com as directrizes da Organização Mundial de Saúde (1999).

2.8   ANÁLISE ESTATÍSTICA

Os dados obtidos nas experiências foram correlacionados e analisados através de uma análise de variância one-way, seguida de um teste t de Student utilizando o Graph Pad Prism, versão 6.0. Valores de $P<0,05$ foram considerados estatisticamente significativos.

3.1   RESULTADOS

3.1   EFEITOS DOS BITERS DE ACÇÃO NO PESO CORPORAL DOS RATOS

O peso corporal médio dos ratos a quem foram administrados bitters de ação em diferentes concentrações durante 5 semanas é apresentado na Figura 9. O peso corporal médio dos ratos no grupo de controlo aumentou de 24,60 g para 30,00 g nas semanas 1 a 5, os grupos 1 e 2 aumentaram de 25,84 g para 26,46 g nas semanas 1 a 3 e depois diminuíram de 26,46 g para 25,00 g nas semanas 3 a 5, enquanto houve uma diminuição de 25,84 g para 25,04 g na semana 3 e de 27,12 g para 23,00 g na semana 4. Verificou-se uma diferença significativa ($p<0,05$) entre os pesos dos diferentes grupos e o grupo de controlo.

Figura 9: Pesos corporais médios de ratinhos aos quais foram administradas diferentes

concentrações durante 5 semanas.

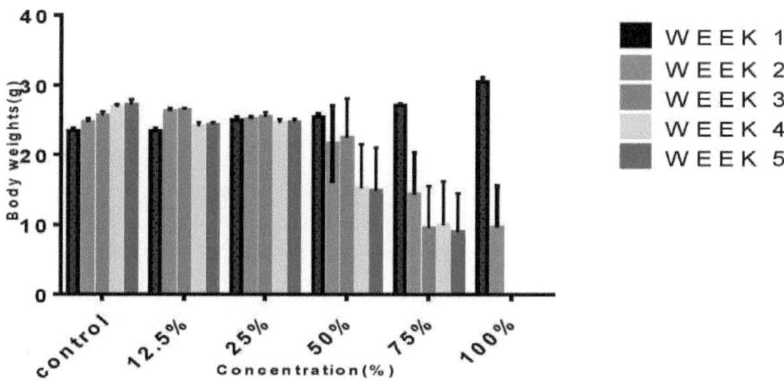

O número total de mortes foi de 10 dos 30 ratos utilizados no início deste estudo. A taxa de mortalidade é apresentada na Tabela 2. Durante todo o período de tratamento de 5 semanas, a taxa de mortalidade aumentou com o aumento da concentração de amargos. No grupo de ratos tratados com 100% de ação dos amargos, todos os ratos morreram nas primeiras 2 semanas, enquanto no grupo de tratamento de 75% e 50%, a mortalidade ocorreu ao longo das 5 semanas.

Quadro 2: Número de mortes e taxa de mortalidade após 5 semanas de administração de bitters de ação a ratinhos

Concentration (%)	Number of Death	Mortality rate (%)
100	5	100
75	3	60
50	2	40
25	0	0
12.5	0	0
Control	0	0

3.3   NÚMERO DE ESPERMA

A contagem média de espermatozóides de ratos aos quais foram administradas diferentes concentrações é mostrada na Tabela 3 e na Figura 10. O resultado mostra que a contagem média de espermatozóides diminui com o aumento da concentração dos amargos de ação. . [666]Os ratos do grupo 4 tratados com 75% de amargos de ação apresentaram a contagem de espermatozóides mais baixa (7,5 x 10 células), enquanto os ratos tratados com 12,5% de amargos de ação apresentaram a contagem de espermatozóides mais elevada (72,4 x 10 células) em comparação com o controlo (94,0 x10 células). Verificou-se uma diferença significativa (p<0,05) entre a contagem de espermatozóides dos ratos tratados com diferentes concentrações e o grupo de controlo.

Tabela 3: Contagem média de espermatozóides de ratos aos quais foram administrados bitters de ação em diferentes concentrações.

Concentration (%)	Sperm count($\times 10^6$)
100	0.00 ±0.00
75	7.50± 0.71*
50	21.00 ±3.12*
25	25.50±3.87*
12.5	72.40±25.38*
control	94.00± 14.64

Os dados são apresentados como média ± S.D. do número total de animais restantes em cada grupo.*= significativo a P<0,05 quando as médias das diferentes concentrações foram comparadas com o controlo.

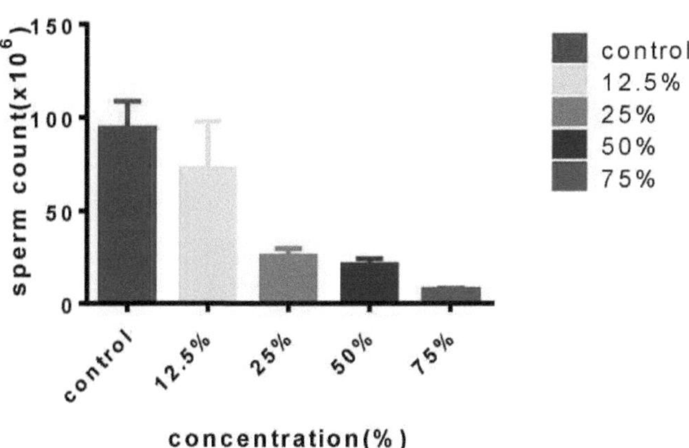

Figura 10: Valores médios da contagem de espermatozóides após a administração de bitters de ação em diferentes concentrações e grupos de controlo durante 5 semanas.

3.4   MORFOLOGIA DOS ESPERMATOZÓIDES

O resultado da morfologia do esperma é apresentado na Tabela 4. Reflecte os efeitos das substâncias amargas administradas em diferentes concentrações na morfologia do esperma dos ratos. Os resultados mostram que concentrações crescentes das substâncias amargas conduzem a um número crescente de anomalias. As anomalias observadas incluem: cabeça sem cauda, cauda sem cabeça, cauda dupla, cabeça dupla, sem gancho, cabeça de alfinete, esperma dobrado e cauda enrolada. A cauda sem cabeça, a cabeça sem cauda e a cabeça de alfinete foram as anomalias mais frequentemente observadas. As placas 3-8 mostram as fotomicrografias das anomalias observadas e a morfologia normal dos espermatozóides de ratinhos.

Tabela 4: Anomalias no esperma de ratos aos quais foram administrados amargos de ação em diferentes concentrações.

Sperm Abnormalities	Headless tail	Tailless head	Pin head	Double tails	Double head	No hook	Folded sperm	Total
75%	24	12	5	1	2	1	5	50
50%	10	9	5	nil	nil	nil	3	27
25%	13	7	4	nil	nil	1	1	26
12.5%	11	4	2	nil	nil	nil	2	17
control	5	2	1	nil	nil	nil	2	10

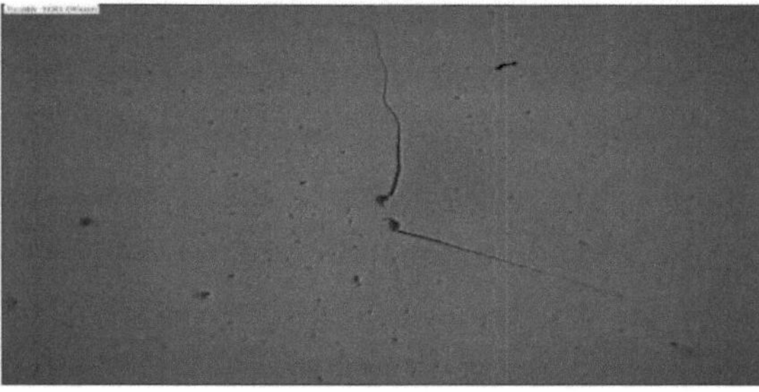

Placa 3: Imagem microscópica da morfologia normal dos espermatozóides de ratinho.

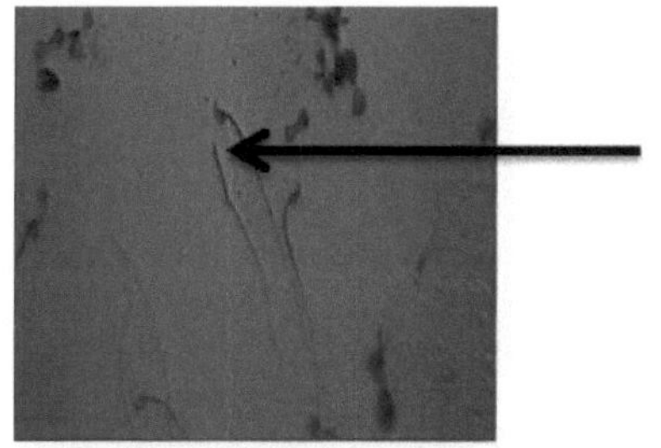

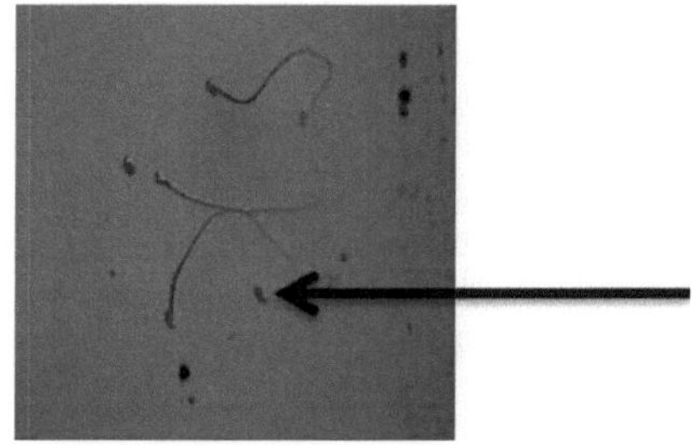

Placa 4: Flecha com cauda sem cabeça

Placa 5: Flecha com cabeça sem cauda

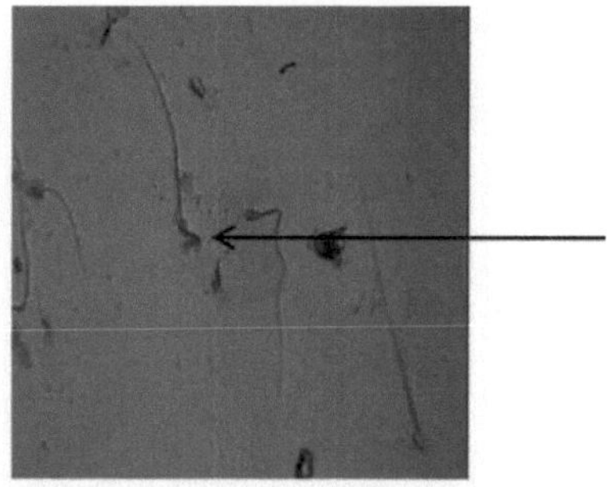

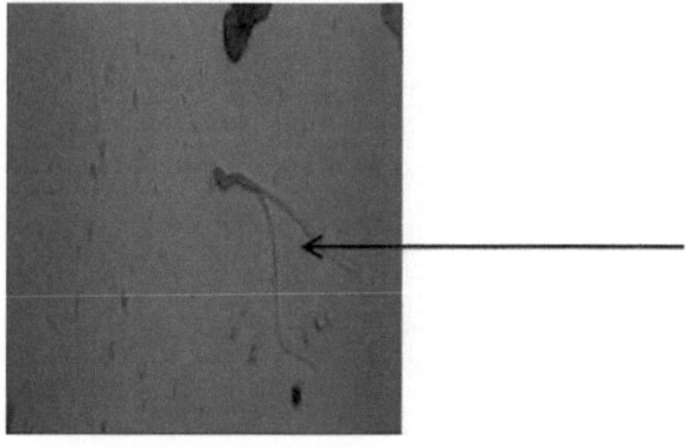

Placa 6: Flecha com cabeça dupla

Placa 7: Flecha com cauda dupla

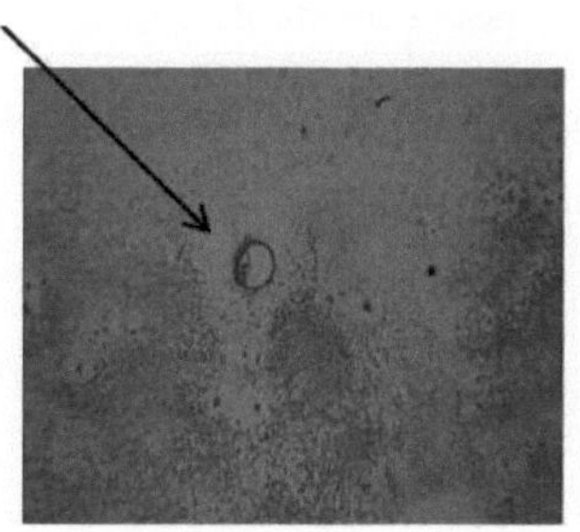

Placa 8: A seta mostra o esperma dobrado

4.0 DISCUSSÃO

Este estudo teve como objetivo determinar os efeitos do Action Bitter na fertilidade masculina através da avaliação de alguns parâmetros andrológicos de ratos albinos, incluindo a contagem de espermatozóides e a morfologia dos espermatozóides durante a administração de 35 dias do bitter em diferentes concentrações, em comparação com água destilada como controlo negativo.

Para monitorizar a saúde dos ratos, o seu peso corporal foi medido todas as semanas. Após o tratamento de 35 dias, o peso corporal médio dos ratos nos diferentes grupos de tratamento variou em comparação com o controlo e com o peso corporal no início da experiência. A tendência de redução do peso corporal neste estudo é semelhante aos resultados obtidos por Gray *et al.* (1999). De acordo com York *et al* (2007), um efeito metabólico pequeno e prolongado pode causar uma redução do peso corporal. As pessoas idosas podem não ser capazes de metabolizar os fármacos como outrora, mas podem necessitar de uma dose mais baixa de fármaco por quilo de peso corporal do que as pessoas jovens ou de meia-idade (York *et al.*, 2007). Este pode ser também o caso dos mamíferos inferiores, e esta pode ser uma razão para a redução do peso corporal dos ratinhos neste estudo. Além disso, a redução do peso corporal poderia também dever-se à presença de um componente ativo no bitter de ação. Isto está de acordo com as conclusões de *Gray et* al. (1999), que referiram que *a Phaleria macrocarpa* provoca uma redução do peso corporal em ratos devido ao seu teor de saponina, que se sabe ter um efeito estimulante na hormona testosterona. Ovuakporaye e Odokuma (2014) fizeram uma observação semelhante no seu estudo sobre o efeito da *Garcinia kola* (kola amarga) na testosterona em ratos Wister albinos machos: os ratos *que receberam* uma dose elevada de *Garcinia kola apresentaram uma* diminuição significativa do peso corporal. Por conseguinte, *a Garcinia kola*, um dos ingredientes de Action Bitters, pode ter conduzido a uma redução do peso corporal devido ao seu alegado efeito estimulante sobre a testosterona.

A taxa de mortalidade no final deste estudo sugere que o Action Bitters teve um efeito adverso no sistema corporal ou em alguns órgãos vitais dos ratos, levando à sua morte. Por exemplo, o grupo de concentração mais elevada de ratinhos tratados com 100% de Action Bitters teve a taxa de mortalidade mais elevada em 2 semanas. A elevada taxa de mortalidade pode dever-se ao facto de a elevada concentração de amargos interferir com o funcionamento normal do organismo e até causar danos a alguns órgãos vitais, como o fígado, que é particularmente afetado pelas substâncias tóxicas, levando à sua degradação e disfunção (Garmenzi *et al.*, 2006). De acordo com Jacquelyn e Maher (1997), o álcool pode causar doenças hepáticas graves, como a hepatite alcoólica e a cirrose, que levam à morte se ocorrerem subitamente e progredirem rapidamente. Verificou-se também que a decomposição do álcool no fígado produz uma série de subprodutos potencialmente perigosos (Salvador e Alfred, 2010). Na sequência destes relatórios anteriores, é possível que o elevado teor de álcool dos amargos de ação (42%) tenha causado danos em órgãos vitais dos ratos e, por conseguinte, tenha levado à morte dos animais. Isto pode significar que o consumo excessivo de action bitters pode danificar alguns órgãos vitais do corpo e, assim, levar à morte. Os resultados deste estudo também podem ser aplicados aos seres humanos. Por exemplo, o grupo com a taxa de mortalidade mais elevada, no qual os ratos de 30 g foram tratados com 0,3 ml de amargos de ação, corresponde a um ser humano de 30 kg que consome 300 ml de amargos de ação. A ingestão contínua de Action-Bitter pode igualmente conduzir ao efeito observado no presente estudo.

A contagem de espermatozóides é um dos factores que devem ser considerados para determinar a fertilidade de um homem. Uma condição de oligozoospermia (baixa contagem de espermatozóides) e aspermia (sem volume de espermatozóides) pode levar à infertilidade masculina. De acordo com Sarathchandaran *et al* (2007), uma contagem reduzida de espermatozóides e a ocorrência de anomalias nos espermatozóides indicam fortemente os efeitos espermatotóxicos de uma substância

O esperma é produzido através do epidídimo, que é o principal local de armazenamento antes da ejaculação, e os produtos químicos produzidos pelo revestimento da trompa de Falópio são essenciais para a maturação do esperma. A contagem de espermatozóides diminuiu neste estudo em função da dose. Isto mostra que a contagem de espermatozóides dos ratos diminuiu com o aumento da concentração dos amargos de ação. A tendência da contagem de esperma neste estudo é consistente com a visão de Etta *et al.* (2012), que tratou ratos com *Phylantus amarus* para determinar seu efeito na qualidade do esperma. O rato de controlo teve a contagem de esperma mais elevada, enquanto o grupo com a dose de extrato administrada mais elevada (20mg/kg) teve a contagem de esperma mais baixa. Isto também corresponde ao resultado deste estudo: o grupo de controlo de ratos teve a maior contagem de esperma, enquanto o grupo com a maior concentração no final do tratamento (75%) teve a menor contagem de esperma. Segundo Hess *et al* (1997), a baixa contagem de espermatozóides pode ser devida ao facto de os espermatozóides entrarem no epidídimo de forma diluída, o que ocorre quando a função essencial do estrogénio na regulação da reabsorção do fluido luminal na cabeça do epidídimo é interrompida. Relatórios de Jordina (2015) indicam que o consumo de álcool pode diminuir os níveis de testosterona e causar uma produção reduzida de espermatozóides. Isto pode sugerir que o elevado teor de álcool dos bitters de ação utilizados neste estudo pode ter levado a uma diminuição da contagem de espermatozóides nos ratos. Alguns outros estudos também mostraram o efeito de alguns extractos de ervas na qualidade do esperma. De acordo com Taiwo *et al.* (2015), a produção de esperma foi reduzida em ratos tratados com *Momordica charantia* quando o seu potencial teratogénico foi investigado. Pode, portanto, concluir-se que a ação do amargo pode inibir a produção de esperma e, assim, levar à infertilidade masculina.

O teste de morfologia do esperma realizado neste estudo mostrou uma cauda sem cabeça, uma cabeça sem cauda, uma cabeça dupla, uma cabeça de alfinete e esperma dobrado. O resultado obtido é semelhante aos achados de Taiwo *et al.* (2015). Estas anomalias observadas podem ser devidas à indução de mutações pontuais e cromossomas anormais nos espermatócitos e espermatogónias iniciais nas fases pré-meióticas da espermatogénese (Sarathchandiran *et al.*, 2007). Estas anomalias e as suas possíveis causas são consistentes com as observações de Sarathchandiran *et al.* (2007). No presente estudo, a cauda sem cabeça e a cabeça sem cauda ocorreram com mais frequência do que as outras anomalias. A ocorrência destas anomalias é consistente com os resultados de Akbarsha *et al.* (2001). Uma cauda sem cabeça ocorre quando a cabeça se separa do flagelo, geralmente devido à exposição a produtos químicos no pescoço ou na peça de conexão do flagelo. Isso leva a uma redução na motilidade do espermatozoide. Um espermatozoide com este defeito é, portanto, incapaz de fertilizar um óvulo, uma vez que não consegue penetrar no óvulo. Além disso, uma cabeça sem cauda é incapaz de nadar durante a fase de pré-fertilização, levando à infertilidade masculina (Isik *et al.*, 1997).

De acordo com Akbarsha *et al* (2001), as anomalias morfológicas dos espermatozóides, como a cauda sem cabeça, podem resultar de uma perturbação da proteína e da tubulina na região da cabeça, fazendo com que a cabeça se separe do flagelo. Pode, portanto, acontecer que um componente das picadas de ação tenha perturbado as enzimas da região da cabeça, provocando as caudas sem cabeça. Segundo Ufaero *et al.* (1996), as substâncias activas dos medicamentos podem também atingir o epidídimo e alterar a sua função de iniciar a espermatogénese. As malformações da cabeça do espermatozoide observadas neste estudo podem ser devidas a algumas alterações bioquímicas. De acordo com Adebowale *et al.* (2009), as alterações bioquímicas na superfície do esperma indicam fortemente uma alteração na predisposição genética da célula espermática.

Hafez, (1987) relatou que as anormalidades da cabeça do esperma podem ocorrer devido a anormalidades no processo de espermatogénese. Thomas e Thomas (2001) também descobriram que as anormalidades na morfologia do esperma podem resultar de um problema fundamental no processo de maturação, onde o esperma anormal amadurece a partir de túbulos seminíferos danificados. A partir destes resultados, pode deduzir-se que os amargos de ação podem ter um efeito espermatotóxico através do epidídimo, que se manifesta numa contagem reduzida de espermatozóides e num aumento da incidência de anomalias nos espermatozóides. Isto significa que podem ocorrer problemas de infertilidade masculina com uma contagem reduzida de espermatozóides e um aumento da incidência de anomalias nos espermatozóides.

4.1 CONCLUSÃO

Os resultados deste estudo indicam que o consumo excessivo de amargos de ação pode afetar a qualidade dos espermatozóides, nomeadamente a sua contagem e morfologia, e pode também ter um impacto significativo no peso corporal. Por conseguinte, o consumo excessivo de amargos de ação pode ser prejudicial para os homens e provocar infertilidade.

Na sequência do resultado deste estudo, pode recomendar-se que as autoridades de saúde/nutrição na Nigéria ajudem a regular as várias doses de consumo de amargos de ação utilizados na nutrição e na medicina herbácea e também a educar as pessoas sobre os efeitos nocivos dos amargos de ação quando consumidos em quantidades extremas. Devem também ser realizados mais estudos para monitorizar o efeito noutros órgãos não reprodutivos para fundamentar esta descoberta e garantir a sua segurança. Deve também ser efectuado um estudo semelhante em ratinhos albinos fêmeas para determinar os efeitos no sistema reprodutor feminino.

REFERÊNCIAS

Adebowale, B., Olayinka, A., Mathew, O. e Oluwaseun, D. (2009). Morfologia e características dos espermatozóides de ratos Wistar machos a quem foi administrado extrato etanólico de *Lagenaria breviflora* Robert. *Jornal Africano de Biotecnologia*. **8**(7): 1170-1175.

Adeoye, G. (2013). *Afrodisíacos: Caso mortal: homens e mulheres lutam por favores sexuais.* www.punchng.com/feature/super-saturday/aphrodisiacs-deal. [nd] Recuperado em 22 de agosto de 2015.

Aduloju, R., Otubanjo, O. e Odeigah, P.G.C. (2008). Um teste in vivo do potencial mutagénico do paraciquantel (PZQ) utilizando o ensaio de anormalidade da cabeça do esperma. *Jornal de Ecologia Humana*. **23**(1):*59-63*.

Agaie, B. Onyeyili, P. Muhammad, B. e Ladan, M. (2007). Efeitos tóxicos agudos do extrato aquoso da folha de *Aogeissus leiocarpus* em ratos. *Revista Africana de Biotecnologia*. **6**(7): 886-889.

Agyare, C., Asase, A., Lechtenberg, M., Niehues, M., Deters, R. e Hensel, A. (2009). Uma investigação etnofarmacológica e confirmação in vitro da utilização etnofarmacológica de plantas medicinais para a cicatrização de feridas no Gana. *Journal of Ethnopharmacology*. **125**(3): 393- 433.

Akbarsha, M., Kadalmani, B., Girya, A., Faridha, A e Shahul, H. (2001). Efeito espermatotóxico do carbendazim. *Indian Journal of Experimental Biology*. **39**:921-924.

Alain, G. (1992). Avaliação e tratamento dos problemas sexuais nos homens: O ABC da saúde sexual.

British Medical Journal. **318** (23):315-317.

Anderson, R., Oswald, B., Whilst, R. e Zaneveld, D. (1983). Relação entre o esperma Características e fertilidade em ratos electrojaculados. *Jornal de Reprodução e*

Fertility. **68**: 1-7.

Baljinder, S., Vikas, A., Rajit, S. e Dharmendra, K. (2010). Potencial farmacológico de

plantas utilizadas como afrodisíacos. *Jornal Internacional de Ciências*

Farmacêuticas

Revisão e Investigação. **5** (1): 104-113.

Boamab, S., Bemoah, Y., George, P., Ayande, M. e Kwesi, B. (2013). Avaliação do

potencial antimicrobiano e de cicatrização de feridas de *Justicia flava* e

Lannea welwitschii. Medicina complementar e alternativa baseada em

evidências. **63**: 927937.

Charles, D. (2013). Visão geral básica dos modelos animais toxicológicos pré-clínicos.

Investigação do Sul. **4** (1) 300-325.

Cooper, G., Noonan, E., Sigrid von Eckardstein, J., Baker, G., Behre, T., Haugen, B.,

Kruger, T., Wang, C., Mbizvo, T. e Vogelsong, M. (2010). Valores de

referência da Organização Mundial de Saúde para as características do sémen

humano. *Human Reproduction Update.* **16** (3): 231-245.

Ekaluo, U., Ikpeme, E. e Udokpoh, A. (2008). Anomalias na cabeça do esperma e

efeitos mutagénicos da aspirina, paracetamol e analgésicos contendo cafeína em

ratos. *Internet Journal of Toxicology.* **7** (1): 156-162.

Ernest, H. (2004). *Um livro didático de toxicologia moderna. 3* [rd]ed., John Wiley and

Sons, Incorporated. John Wiley and Sons, Incorporated. Canadá. 543 páginas.

Etta, H., Eneabong, E. e Okon, E. (2012). Alterações na qualidade do esperma de ratos

albinos Wistar induzidas pelo extrato de etanol de *Phyllantus amarus. Jornal*

*Nigeriano de Biotecnologia.***24**: 5457.

Falobi, O. (2013). *Paraga: potenciador da libido ou destruidor de vidas?*

http://sunnewsonline.com/new/paraga-libido-boosters-or life-destroyer/.

[th]Recuperado em 18 de agosto de 2015.

Frani, R. (2007). Sexual dysfunction. [th] *Dewhurst's Textbook of Obstetrics and Gynaecology.*7 ed., New Jersey. New Jersey. Blackwell Publishing. 657pp.

Fromentin, Y., Cottet, K., Kritsanidia, M., Micheli,S., Gaboriaud, N. e Lallemand, M. (2015). *Symphonia globulifera,* uma fonte generalizada de metabolitos complexos com potentes actividades biológicas. *Centro Nacional de Informação Biotecnológica.***81**(2): 95-107.

Garmenzi,A., Caputo,F., Biselli,M., Kuria,F., Loggi,E., Andreone,P. e Bernardi,M. (2006). Doença hepática alcoólica - aspectos fisiopatológicos e factores de risco. *Alimentary Pharmacology & Therapeutics.***24**:1151-1161

Gray, J., Nunez, A., Siegel, L. e Wade, G. (1999). Effect of testosterone on body weight and adipose tissue: role of aromatisation, *Physiology Behaviour.***23**(3): 465-469

Hafez, E. (1987). Avanços na biologia reprodutiva e avaliação do sémen. *Reproduction in farm animals.* 5 [th]ed. U.S.A.. Lea and Febiger. 649 páginas.

Hayes, W. e Claire, L. (2014). Cálculo da taxa de mortalidade. *Princípios e Métodos de Toxicologia de Hayes.* 6 [th]ed. U.S.A. Taylor and Francis. 2184pp.

Hess, R., Bunic, D., Lee, K., Bahri, J., Taylor, J. Korach, K. e Lubani, D. (1997). A role for estrogen in the male reproductive system. *Centro Nacional de Informação Biotecnológica.* **390**(66): 509-512.

Indabawa, I. e Arzai, H. (2011). Atividade antibacteriana dos extractos de sementes de *Garcina kola* e *Cola nitida. Bayero Journal of Pure and Applied Sciences* **4**(1): 52-55.

Isik, T., Murat, T., Safak, T. e Kutay, B. (1997). Efeito da morfologia anormal da cabeça do esperma no resultado da injeção intracitoplasmática de esperma em humanos. *Advances in Life Science and Technology.***12**: 1214-1217.

Jacquelyn, J. e Maher, H. (1997). Explorando os efeitos do álcool na função hepática. *O efeito do álcool*

    Mundo da Saúde e da Investigação. **2**(1): 5-11

Jarrow, J., Nana-Sinkan, P. e Sabbagh, M. (2002). Resultados da terapia direccionada

    para a impotência. *Journal of Urology.* **155**:1609-1612.

Jegede, I., Agadi, B. e Akinloye, O. (2013): Efeitos moduladores de Kola viron (*Garcina*

    kola) sobre o espermiograma e o sistema reprodutor de ratos Wistar machos

    adultos na toxicidade induzida pelo acetato de chumbo. *Jornal de Toxicologia e*

    Saúde Ambiental

    Ciências. **5**(7): 121-130.

Jimmy, E. e Udofia, A. (2014). Yoyo Bitters, um medicamento herbal alternativo eficaz

    no tratamento da diabetes. *Revista Internacional de Medicina Inovadora e*

    Ciências da Saúde. **2**: 1-5.

Jordina, R. (2015). [nd]*Baixa contagem de espermatozóides.*

    www.mayoclinic.org/diseases-conditions/lowsperm- Count/basics/causes/con-

    2003344/.Acedido em 2 de outubro, 2015.

Jurewicz, J., Hanke, W., Redwan, M. e Bonde, J. (2009). Factores ambientais e

    qualidade do sémen. *Centro Nacional de Informação*

    *Biotecnológica.***22**(4):305-309.

Kevin, C. (2015). [th]*Problemas sexuais (sexo) nos homens.* www.medicinet.com/sexual sex problems in

men/page2/htm#what_is_the_treatment_for_sexual_problems_in_men.Acedido em 19 de agosto de 2015.

Klassen, C., Cassarette, M. e Doulls, P. (2001).*Toxicology: The basic Science of*

    Poison. 6 [th]ed..McGraw-Hill. Nova Iorque. 647pp.

Kruger, T. e Coetzee, K. (1999). The role of sperm morphology in assisted reproduction (O papel da morfologia do esperma na reprodução assistida). *Sociedade Europeia de Reprodução Humana e Embriologia.* **5**(2): 72178.

Lue, T.,Giuliano, F. e Montorsi, F.(2003).Resumo das recomendações sobre disfunção sexual nos homens. *Journal of S£exual Medication.*1:6-23.

Mbaya, A., Nwosu, C. e Onyeyii, P. (2007): Toxicidade e efeito antitrypanosomal do extrato etanólico da casca do caule de *Butyrospermum paradoxum (Sapotaceae)* em ratos infectados com *Trypanosoma brucie* e *Trypanosoma congolense. Ethnopharmacology.* **111**: 526-530.

Michetti, P., Rossi, R., Bonnano, D. e Simonelli,C. (2005).Sexualidade masculina e regulação da emoção: um estudo sobre a relação entre a alexitimia e a disfunção erétil. *International Journal of Impotence Research.***18** (2): 170-174.

Montorsi, F., Briganti, A. e Salonia, A. (2004). Estratégias actuais e futuras para a prevenção e tratamento da disfunção erétil após prostatectomia radical. *European Urology.* **43** (2):123-133.

Nikolettos, N., Kiiper, W., Demirele, C., Schopper, B., Blasig, C., Sturim, R., Felberbaum, R., Bauer, O., Diedrich, K. e Hasani, S. (1999). O potencial de fertilização de espermatozóides com morfologia anormal. *Sociedade Europeia de Medicina Humana Reprodução e Embriologia.* **14**(1): 47-70.

Nwawu, J. e Akali, P. (1986).Atividade anticonvulsiva do óleo essencial do fruto de *Tetrapleura teraptera. Journal of Ethnopharmacology.* **18**: 103-107.

Noumi, E., Amvan, Z. e Lontis, D. (1998). Plantas afrodisíacas nos Camarões. *Filoterapia.* **69**: 125-134.

Nwude, N. e Ibrahim, M. (1980). Plantas utilizadas na prática veterinária tradicional na

Nigéria. *Jornal de farmacologia e terapia veterinária.* **3**: 261-273.

Odeigah, P.G.C. (1997). Anomalias na cabeça do esperma e efeitos letais dominantes do formaldeído em ratos albinos. *Mutation Research.***389:**141-148.

Odesanmi, S., Lawal, R., Ojokuku, S. (2009). Efeitos do extrato etanólico de *Tetrapleura tetraptera no* perfil da função hepática e na histopatologia em coelhos brancos holandeses machos.

Revista Internacional de Medicina Tropical. **4**(4): 136-139

Ofoego, U., Olewuike, C.,Ezejindu, D.,Ekwujuru, E e Akudike, C.(2015). O efeito da *Garcina kola* nos parâmetros espermáticos e na histologia do testículo de ratos wistar machos. *Avanços em Ciência e Tecnologia da Vida.***33**: 489-510.

Olatokunbo, A., Mofomosara, H. e Ekene, O. (2010). Avaliação do efeito anti-diarreico Efeito do extrato da casca de *Lannae welwitschii* (Heirn). *Jornal Africano de Farmácia e Farmacologia.* **4**(4): 165-169.

Oluwadiya, K. e Fatoye, F. (2012). Consumo de álcool por engano II: O uso de paraga (mistura alcoólica de ervas) entre motoristas comerciais numa cidade do sudoeste da Nigéria. *BMC Research Notes.* **5**: 301-305.

Ovuakporaye, S. e Odokuma, E. (2014). O efeito da *Garcina kola* (kola amarga) na testoterona e na histologia dos testículos em ratos albinos wister machos. *Jornal de Ciências e Pesquisa Multidisciplinar.* **6** (2): 158-164.

Oyedeji, K., Bolanrinwa, A. e Ojeniran, S. (2013). Efeitos do paracetamol (acetaminofeno) nos parâmetros hematológicos e reprodutivos em ratos albinos machos. *Jornal de Investigação de Farmacologia.* **7**:21-25.

Parasurama, S. (2011). Rastreio toxicológico. *Jornal de Farmacologia e Farmacoterapêutica.* **2**(2): 74-79.

Parhizkark, S., Maryam, J. e Mohammed, A.(2013).Efeito da *Phaleria macrocarpa* nas características do esperma em ratos adultos. *Boletim Farmacêutico Avançado* **3** (2):

345352.

Parven, S., Das, S., Kudra, C. e Pereira, B. (2003). Uma avaliação abrangente da toxicidade reprodutiva de *Quassia amara* em ratos machos. *Journal of Reproductive Toxicology.* **17**(1): 45-50.

Patel, D., Ashish, G. e Krishnak, M.(2003).Toxicidade do oxigénio. *Journal of Indian Academia de Medicina Clínica.* **4**(3): 230-238.

Paul, D., Berra, S., Jana, D., Maiti, R. e Ghosh, D. (2006). Determinação in vitro da atividade espermicida contraceptiva de um extrato composto de *Achyranthes aspera* e *Stephania hernandifolia* no esperma humano. *Contraception.* **73**: 284-288.

Ralebona, N., Sewani-rusike, R. e Nkeh-chingag.(2012). Atividade antibacteriana dos extractos de sementes de *Garcina kola e Cola nitida. Jornal de Ciências Puras e Aplicadas.***4** (1): 52-55.

Rasgele, P.(2014).Morfologia anormal dos espermatozóides em células germinativas de ratinhos após exposição de curta duração a acetamipride, probineb e respetivas misturas. *Centro Nacional de Informação Biotecnológica.* **65**(1): 47-56.

Reddy, B. (2010). Terapia com Digitalis em pacientes com insuficiência cardíaca congestiva. *Revista Internacional de Revisão e Investigação em Ciências Farmacêuticas.* **3** (2):90-96.

Rodriguez, D. (2015). *Disfunção sexual em homens e mulheres.* [th]www.everydayhealth/sexual-dysfunction.aspx Recuperado em 5 de outubro de 2015.

Roelof, M. (2010). Significado clínico do valor baixo para a morfologia do esperma, conforme proposto na quinta edição do manual de laboratório da OMS para o exame e processamento do sémen humano. *Asian Journal of Andrology.* **12**(1): 47-58.

Salisu, A., Ihongbe, J., Anyanwu, R., Uwuigbe, M. e Izekor, S. (2012). Alterações histológicas nos testículos de ratos tratados com Alomo bitters. *Revista Internacional de Ervas e Investigação Farmacológica.* **1**(2): 33-39.

Sally, D., Perreault, M. e Aida, M. (2001). Importância de incluir medições da produção e função do esperma em estudos de toxicologia em ratos. *Journal of Reproduction and Fertiltiy.***121**:207-216.

Salvador, M. e Alfredo, S. (2010). Efeitos celulares e mitocondriais do consumo de álcool. *Revista Internacional de Investigação Ambiental e Saúde Pública.* **2**(1): 5-11.

Sarathchandiran, I., Manalavan, R., Akbarsha, Z., Kadalmani, Z. e Karari, K. (2007). Estudos sobre o efeito espermatotóxico do extrato etanólico de *Capparis aphylla*. *Jornal de Ciências Biológicas.* **7**(3): 544-548

Segraves, R. (2003). Gestão farmacológica da disfunção sexual, benefícios e limitações. *Revista de Farmacologia e Farmacoterapêutica.* **8**(3): 225- 229.

Singh, R., Jeyabalan, G., e Ashraf, A. (2012).An overview on Traditional Medicinal plants as Aphrodisiacs. *Journal of Pharmacognosy and Photochemistry.* **1**(4): 43-56.

Taiwo, I., Adeleye, T., Muyeeb, S., Longe, O. e Amusa, O. (2015). Potencial teratogénico e antimutagénico do extrato aquoso de folhas de *Momordica charantia Linn. Revista Internacional de Ciências: Pesquisa Básica e Aplicada.* **22**(1): 384-392.

Thomas, M. e Thomas, J. (2001). Reacções tóxicas do sistema reprodutor. *Cassarett & Doull's Toxicology- The Basic Science of Poison.* 6 [th]ed. Nova Iorque. McGraw Hill Medical Publishing. 681 páginas.

Trush, M. (2008). *O processo toxicológico.* Tese de mestrado, Bloomberg School of Public Health, Taiwan.46 páginas.

Vandenbergh, J.(2000). Utilização de ratos domésticos na investigação biomédica. *Instituto de Investigação em Animais de Laboratório*. **41**(3): 133-135.

Watcho, P., Donfack, M.,Zelefack, F.,Ngelefack, T.,Wansi, S.,Ngoula, F.,Kamtchouing, P., Tsamo, E e Kamanyi, F. (2005). Efeitos do extrato hexânico de *Mondia whitei nos* órgãos reprodutores do rato macho. *Jornal Africano de Medicinas Tradicionais, Complementares e Alternativas.***2**:302-311.

Organização Mundial de Saúde. (1999). *Laboratory Manual for the Examination of Human Semen and the Interaction between Semen and Cervical Mucus (Manual de Laboratório para o Exame do Sémen Humano e a Interação entre o Sémen e o Muco Cervical)*. Cambridge University Press. Cambridge, Reino Unido. 17 páginas.

Wryobek, A. e Bruce, W. (1983). A indução de anomalias na forma dos espermatozóides em ratos e humanos. *Chemical Mutagens*. **5** (1): 257-285.

Wryobeck, A., Gordon, L., Burkhart, J., Kapp, R., Letz, G. e Malling, H. (1983). Uma avaliação da morfologia do esperma de rato e outros testes de esperma em não-humanos e mamíferos. *Mutation Research*. *115 (1): 61-72.*

Yakubu, M., Akanji, M. e Oladiji, T. (2005): Disfunção sexual masculina e métodos de avaliação de plantas medicinais com potencial afrodisíaco. *Pharmacognosy Review*. **1** (1): 49-56.

Yama, O., Osinubi, A., Duru, F., Noronhacm, C. e Okalawon, A. (2011). Efeito contracetivo do extrato metanólico de sementes de *Momordica charantia* em ratos Sprague-dawley machos. *Jornal Asiático de Investigação Farmacêutica e Clínica. 4: 22-26.*

York, D., Thomas, S., Greeway, F., I., Lue, Z. e Jennifer, C. (2007). Efeito de um extrato de ervas número dez (NT) no peso corporal em ratos. *Medicina Chinesa*. **10**(186): 2-10.

Zahalsky, M., Zoltan, E. e Harris, M. (2003).Morfologia e o teste de penetração de

esperma. *Sociedade Americana de Medicina Reprodutiva.* **79**(1): 39-41.

47

FONTES DA INTERNET

Googleimages.com

home.scarlet.be/tsh77586/CATALKIN.html

https://www.msu.edu/user/urquhart/rainforest/content/deforestation.html

congotrees.rbge.org.uk

Índice

I want morebooks!

Buy your books fast and straightforward online - at one of world's fastest growing online book stores! Environmentally sound due to Print-on-Demand technologies.

Buy your books online at
www.morebooks.shop

Compre os seus livros mais rápido e diretamente na internet, em uma das livrarias on-line com o maior crescimento no mundo! Produção que protege o meio ambiente através das tecnologias de impressão sob demanda.

Compre os seus livros on-line em
www.morebooks.shop

Printed by Books on Demand GmbH, Norderstedt / Germany